农用无人机问

◎ 薛新宇　兰玉彬　秦京光　编著

U0349275

中国农业科学技术出版社

图书在版编目（CIP）数据

农用无人机 100 问 / 薛新宇 , 兰玉彬 , 秦京光编著 . —
北京 : 中国农业科学技术出版社 , 2018.1
　ISBN 978-7-5116-3048-3

Ⅰ . ① 农 … Ⅱ . ① 薛 … ② 兰 … ③ 秦 … Ⅲ . ① 农业 –
无人驾驶飞机 – 问题解答 Ⅳ . ① V279 – 44

中国版本图书馆 CIP 数据核字（2017）第 081634 号

责任编辑	崔改泵
责任校对	贾海霞

出　版　者	中国农业科学技术出版社
	北京市中关村南大街 12 号　邮编 : 100081
电　　话	（010）82109194（编辑室）（010）82109702（发行部）
	（010）82106629（读者服务部）
传　　真	（010）82106650
网　　址	http://www.castp.cn
经　销　者	各地新华书店
印　刷　者	北京地大天成印务有限公司
开　　本	880mm × 1 230mm　1 /32
印　　张	3.75
字　　数	80 千字
版　　次	2018 年 1 月第 1 版　2019 年 11 月第 5 次印刷
定　　价	25.00 元

《农用无人机100问》

编著名单

主编著　薛新宇　兰玉彬　秦京光

编著者　(按姓氏笔画排序)

邓继忠　兰玉彬　孙　竹　李继宇

秦京光　秦维彩　管小冬　薛新宇

序

古语云：“国以才立，政以才治，业以才兴。”

党的“十九大”明确指出，农业农村农民问题是关系国计民生的根本性问题，必须始终把解决好“三农”问题作为全党工作重中之重。要坚持农业农村优先发展，按照产业兴旺、生态宜居、乡风文明、治理有效、生活富裕的总要求，建立健全城乡融合发展体制机制和政策体系，加快推进农业农村现代化。实施乡村振兴战略，构建现代农业产业体系，不仅需要完善农业支持保护制度，更需要加强农村人才队伍建设，培养一批能够促进农村经济发展、引领农民思想变革、带领群众建设美丽新农村的带头人和技术骨干，培育一批有文化、懂技术、会经营的新型农民。

农用无人机融自动化控制技术、复合材料技术、精密制造技术、农业高新技术等先进技术于一体，给农业插上了科技的翅膀。推广农用无人机，让农民用无人机进行快速高效的植保作业，对提高农业机械化和信息化水平，减轻劳动强度和确保国家粮食安全有着重大的意义。为此，特别推荐科普读物《农用无人机100问》，此书采用篇幅短小、图文并茂的形式，通俗易懂，由浅入深地介绍了大量普及性、实用性和安全性的农用无人机知识，适合普通大众阅读，对普及农用无人机知识和植保飞行作业常识有着重大的意义。

世界在进步，科学无止尽。农用无人机的发展与应用是中国农业现代化前进路上的一个缩影，祖国的农业现代化建设任重道远，让我们秉持信念，不忘初心，砥砺前行。

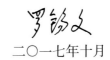

二〇一七年十月

Contents

目　录

第一章

农用无人机主要类型与结构形式

1. 农用无人机可以用来干什么？

答：（1）喷洒农药。
　　（2）喷洒叶面肥。
　　（3）作物育种辅助授粉。
　　（4）监测病虫害、作物
　　　　 生长情况。
　　（5）释放天敌。

2. 农用无人机按机翼类型分类有哪几种?

答：主要有 3 种类型：固定翼无人机、无人直升机、多旋翼无人机。

3. 农用无人机动力型分几种?

答：3种，油动型、电动型、油电混合型。

(1) 油动型是由内燃机提供动力。

(2) 电动型是由电池提供动力。

(3) 油电混合型是由内燃机和电池混合提供动力。

4. 农用无人机主要由哪几部分组成?

答：农用无人直升机主要有机体、动力装置、通讯系统、任务设备分系统（喷洒系统等）等部分组成。

5. 固定翼无人机、无人直升机、多旋翼无人机各有哪些优缺点?

答：（1）固定翼无人机优点是飞行续航时间长、飞行稳定性好，缺点是起降时必须要有专用场地（起降跑道等）。

（2）无人直升机优点是无需跑道、可垂直起降、地形适应能力强，缺点是机械结构复杂、维护成本高。

（3）多旋翼无人机优点是机械结构简单、可垂直起降、维护简易且成本低，缺点是载重量轻、续航时间短。

6. 农用无人机上旋翼的作用是什么?

答：提供升力，拉动飞行。

7. 农用无人直升机尾桨的作用是什么？

答：平衡反扭矩，控制航向。

8. 油动农用无人机一般采用几冲程发动机?

答：一般为 2 冲程发动机。

9. 油动农用无人机发动机冷却方式有哪几种？

答：风冷和水冷。

10. 电动无人植保机任务载荷一般为多少？

答： 5～20 千克。

11. 电动无人机续航时间一般为多少?

答：10 ～ 30 分钟。

12. 电动无人机的动力系统由哪几部分组成?

答：由电池、电动机、电子调速器和旋翼 4 个部分组成。

13. 电动无人机上的电子调速器作用是什么？

答：调节电动机的转速。

14. 电动无人机常使用的电池是哪类?

答：锂离子动力电池。

15. 如何正确使用电动无人机电池，延长电池使用寿命？

答：在电池的使用上要坚持六个"不"。

（1）不过放：不飞到超出容量极限，电池报警器一报警应尽快降落。

（2）不过充：充电时严格按照电池规定的充电度数或更低的度数进行充电。

（3）不满电保存：充满电的电池，不能满电保存超过3天。

（4）不损坏外皮：电池外皮破损将会直接导致电池起火或爆炸。

（5）不短路：短路会直接导致电池打火或起火爆炸。

（6）不过温：电池如长时间在低（高）温下放置，其放电性能会大大降低。

16. 无人直升机转弯、改变方向的原理是什么?

答: 通过改变尾桨拉力实现。

17．多旋翼无人机转弯、改变方向的原理是什么?

答：通过改变旋翼转速，利用各旋翼之间的反扭矩不平衡来实现。

18. 农用无人机测量姿态、位置、高度、航向使用哪些常用的传感器？

答：农用无人机常使用陀螺仪和加速度传感器测量姿态，GPS／北斗测量位置，气压高度计测量飞行高度，磁航向计测量机身航向。

19.GPS／北斗是农用无人机常用的定位系统，请问上述系统单点和差分的定位精度大致是多少？

答：单点定位平均误差 1 米以上（米级），差分定位误差可达厘米级。

20. 油动无人机的燃料汽油中常常需要混入一定比例的润滑油，请问这样做的主要目的是什么？

答：加入润滑油的主要目的是润滑活塞和缸体之间滑动表面，防止发动机拉缸磨损。

21. 油动无人机对汽油机的保养需要定期更换哪些常用配件?

答:空气滤清器、燃油滤清器、火花塞。

22．药液喷洒设备通常应安装在机身的什么位置？

答：应安装在机身下方、旋
翼下方或机翼的尾缘后下方。

23. 农用无人机上的喷雾设备主要由哪几部分组成?

答：主要由药箱、液泵、喷头、喷杆、连接管路等组成。

24. 农用无人机喷雾装置（喷头）形式有几种?

答：2种。液力雾化喷头和离心雾化喷头。

第二章

农用无人机运行与飞行规则

1. 哪一类民用无人机的使用说明书应包含相应的农林植保要求和规范?

答：V 类，即农用无人机。

2. 在采用农用无人机实施喷洒作业时，应当保存相关喷洒记录，需要保存操作人员的哪些信息？

答：操作人员的姓名、地址和执照编号、联系方式。

3．农用无人机机身上应有哪些明确标识？

答：（一）机体标识牌

（1）制造商或供应商名称。

（2）农用无人机型号。

（3）生产日期或出厂编号。

（4）系统净重、最大起飞重量、
任务载重量等主参数。

（5）联系方式。

（二）关键部件标识牌

（1）飞控系统和任务装备的标牌、
编号。

（2）燃油发动机转速、油耗、重量、
寿命。

（3）电池动力应标注持续电流、瞬间
电流、电压、耗电率。

4. 什么是电子围栏?

答：电子围栏是指为阻挡即将侵入特定区域的航空器，在相应电子地理范围中画出特定区域，并配合飞行控制系统、保障区域安全的软硬件系统。

5.Ⅴ类农用无人机在哪些情况下应安装并使用电子围栏?

答:Ⅴ类农用无人机在重点地区和机场净空区以下运行时应安装并使用电子围栏。

6. 什么是无人机云系统?

答：无人机云系统是指小型民用无人机运行动态数据库系统，用于向无人机用户提供航行服务、气象服务等，对民用无人机运行数据（运营信息、位置、高度、速度）进行监测。无人机云系统对侵入电子围栏的无人机具有报警功能。

7. 重点地区是指哪些区域?

答：重点区域指的是军事重地、核电站和行政中心等关乎国家安全的区域及周边，或地方政府临时划设的区域。

8. 机场净空区是指哪些范围?

答：机场净空区是指为保护航空器起飞、飞行和降落安全，根据民用机场净空障碍物限制图要求划定的范围。

9. 机场周围多大范围内无特殊许可不得作业？

答：以机场中心为圆心，半径 4 千米范围内，无特殊许可不得作业。

10. 当农用无人机的飞行航路与有人驾驶航空器发生冲突时，该怎么做？

答：必须将航路优先权让与有人驾驶航空器。

11. 农用无人机上感知和避让系统作用是什么?

答:确保无人机与其他航空器保持一定的安全飞行间隔,防止空中交通冲突危险。

12. 视距内飞行区域范围是多少？

答：无人机处于驾驶员目视视距内半径 500 米，相对高度低于 120 米的区域范围。

13. 农用无人机飞行作业模式有哪几种?

答:自主飞行、半自主飞行、手动飞行。

14. 什么是自主飞行?

答:根据预先设定的航线、任务等执行命令,基本无需人工干预进行自动飞行作业的模式。

15. 什么是半自主飞行?

答：驾驶员通过局部修改预设的飞行指令，按照驾驶员意愿完成飞行作业的模式。

16. 什么是手动飞行？

答：驾驶员通过遥控器对无人机上的执行机构进行遥控操作，完成改变无人机航向与姿态的飞行模式。

17. 农用无人机作业人员在饮用任何含酒精的液体之后，多长时间内不得操作无人机作业？

答：8 小时之内不得驾驶无人机作业。

18．同一区域两机以上同时作业时的注意要点是什么？

答：应使用不同频率，以避免无线电干扰。

19．当农用无人机朝有人方向飞行时，为防止发生危险，无人机与人之间至少要间隔多少距离？

答：15 米以上的距离。

20. 当农用无人机作业时一旦出现异常，应该怎样处理？

答：应该立即停止作业并寻找最近的降落点。

21. 飞行失控时，在确认属于无人地带且周围安全的情况下，应如何操作使飞机安全降落？

答：应根据具体机型操作方法，尽快关闭动力输出，协调无人机降落。

22. 设定停机点时应注意什么?

答:**1** 停机点应设定在平坦的田间小路上,尽量避开繁忙路段。

2 在设定停机点时应避免螺旋桨的风压损害到周边作物。

第三章

农用无人机施药技术规范

1. 农用无人机操作手必须具备什么条件？

答：必须经过专业培训，通过考核并获得资格证书后才能上岗操作。

2. 农用无人机喷雾作业人员必须掌握哪些知识?

答:(1)农用无人机的安全飞行性能、作业程序和操作限制。

(2)作业飞行前应完成的各项工作步骤。

(3)农药使用知识、正确的施药剂量、施药技术及操作方法。

(4)了解农药风险,应当采取的预防措施。

(5)发生意外事故时的急救措施。

3. 农用无人机喷雾方式属于常量喷雾还是低量喷雾?

答：属于低量喷雾。

4. 低量喷雾每公顷喷雾量是多少？

答：低于 15 升／公顷。

5. 农用无人机喷雾作业时对风速的要求是多少?

答：农用无人机喷雾时最大风速应低于7米／秒。

6. 农用无人机施药高度应在作物冠层上方几米合适？

答：根据机型不同，施药高度略有变化。

无人直升
机一般为
1.5～5.0米。

多旋翼无人
机一般为
0.5～2.0米。

7. 无人机施药应使用什么药剂？

答：（1）水剂。
（2）专用的无人机药剂。
（3）超低容量喷雾剂。

8. 农用无人机喷雾作业最适宜的温度、湿度范围是多少？

答：气温在 24 ~ 30℃，相对湿度应在 60% 以上。

9. 夏季炎热时节，哪个时间段应禁止喷雾作业？

答：

上午　　11:00 后

至

下午　　15:00 前

应禁止作业。

10. 农用无人机作业时，一般飞行速度是多少？

答：飞行速度为 2 ～ 10 米／秒。

11. 当环境温度超过多少摄氏度时不适于喷洒作业，为什么？

答：温度超过30℃时喷洒作业，会导致药液快速挥发或蒸发，影响喷洒效果。

12. 农用无人机在平坦地带喷洒时，应以什么顺序进行喷洒作业？

答：应由下风方向开始向上风方向进行喷雾。

13. 农用无人机在倾斜地带喷洒时，应如何操作？

答：按等高线，由下而上进行喷洒飞行。

14. 药液在气流的影响下随风向往下风方向扩散运动的现象叫什么？

答：飘移现象。

15. 影响农药飘移的主要因素有哪些?

答:有风速、飞行速度、雾滴属性、旋翼下气流、飞行高度等因素。

16. 农用无人机喷洒除草剂时，为防止雾滴飘移至邻近作物引起药害，应注意什么？

答：应在下风处留出 5 ～ 10 米不喷药作为安全保护带。

17. 农用无人机进行喷洒作业时所说的喷洒限制是指什么？

答：实施喷洒作业时，应当采取适当措施，避免喷洒的物体对地面的人员和财产造成危害。

18. 喷洒区域内若有电线杆、电线、广告牌、路标等障碍物时应注意哪些事项?

答：

1 切勿与电线杆、电线、广告牌、路标等接触。

2 在电线杆、电线、广告牌、路标等附近飞行作业时，切勿面向这些物体喷洒。

3 要特别注意电线杆的支线，必要时可设置标识物。

19. 哪种喷头不易受农药剂型影响而发生堵塞?

答：离心雾化喷头。

20. 哪种农药剂型易对喷头造成堵塞?

答：粉剂农药。

21. 农用无人机喷雾作业时,如何做好个人防护?

答：应穿戴好防护用品，作业时不得进食、喝水、吸烟。

22. 农用无人机喷雾作业前应对喷雾装备进行哪些检查?

答:(1) 检查驱动液泵的动力系统和加药系统。

(2) 检查液力喷头、防滴阀是否影响喷雾性能。

(3) 检查离心雾化喷头是否旋转自如。

(4) 检查输液软管及软管连接点是否有渗漏现象。

(5) 检查与飞机连接的各零部件是否牢固可靠。

23. 农用无人机施药作业前，应掌握施药田块的哪些信息？

答：掌握适时气象信息，熟悉作业区域地形地貌，调查作业区域电线杆、树木及沟渠的位置，了解作业区域周边住户、作物、水源、养殖情况等。

24. 农用无人机驾驶员迂回行走时应注意什么?

答:尽量选择田间开阔地带和保证喷洒飞行平稳进行。

25. 农用无人机驾驶员在田间作业时，应选择什么样的行走道路?

答：应选择上风处环境较好的田间道路或田埂。

26. 当农用无人机进行喷洒作业时，信号员的职责是什么？

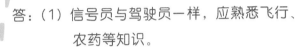

答：(1) 信号员与驾驶员一样，应熟悉飞行、农药等知识。

(2) 信号员应处于喷洒距离 20 米外处与驾驶员进行联络。

(3) 确保对讲机工作正常，无障碍通话。

(4) 及时把喷洒区域内障碍物、人员或车辆、喷洒等的高度和距离传达给驾驶员。

27. 根据作物病虫害发生情况，如何计算农用无人机每公顷施药液量？

答：每公顷施药液量（W）计算公式为

$$W = \frac{V_t \times 10000}{V \times B}$$

式中：W——每公顷施药液量，

单位为克／公顷（g/hm^2）；

V_t——每秒喷头流量的总和，

单位为克／秒（g/s）；

V——飞行速度，

单位为米／秒（m/s）；

B——喷幅，

单位为米（m）。

28．农用无人机作业时对农药使用有什么要求?

答：（1）应遵循安全高效、低毒、低残留原则选择农药。

（2）选用的农药应取得国家农业主管部门注册登记。

（3）混配农药前应了解不同药剂的理化性质，防止农药理化性能改变，造成农药药效降低的风险。

（4）灌注的药液应预先按比例配制充分混合均匀。

29. 农用无人机对药箱载液量有何要求?

答：加入药箱的药液量不应超出飞机的有效载荷。

30. 农用无人机施药作业前是否应该"预先警示"?

答:必须向养蜂人、周边农田的农户、养殖户及附近环境敏感场所发布"预先警示"。

31. 农用无人机施药作业结束后，地面警示标志内容是什么？

答：应说明严禁人员、家畜等进入地块的时间和安全进入的时间。

32. 农用无人机施药作业结束后，如何进行装备清洗?

答：(1) 飞机和喷雾装备的内部和外表面必须在田间进行清洗。

(2) 清洗的废液应喷洒在该农药登记注册的作物上，并保证重复喷洒不超过推荐的施药剂量。

(3) 采用"少量多次"的方法，清洗干净喷雾管路和过滤器中的农药残留液。

33. 农用无人机施药作业结束后，怎样做好个人维护?

答：（1）施药结束后，必须及时用肥皂清洗手、脸等裸露部分的皮肤，用清水漱口，洗澡并更换工作服。

（2）清洗干净的个人防护设备应晾干整理后，贮藏在通风良好的仓库中。

34. 农用无人机施药作业结束后，剩余药液和农药包装容器应怎样处理？

答：（1）剩余药液应集中收集，安全存放。

（2）农药包装容器应集中收集、妥善处理。不准随意丢弃，更不准用于盛粮、油、酒、水等食品和饲料。

35. 农用无人机施药作业结束后，应怎样维护保养?

答：（1）施药结束后，应及时卸下机载喷雾设备和辅助设备。

（2）对飞机检查及保养应在清洗干净后进行，检查各零部件连接是否牢固可靠，清洗更换损坏的各零部件，对控制部件加润滑油、易锈蚀部件加防锈黄油。

（3）飞机存放前，机身内外表面应干净清洁。

（4）飞机应存放在干燥通风的机库内，避免露天存放或与农药、酸、碱等腐蚀性物质放在一起。

36. 农用无人机施药作业结束后，喷雾设备应怎样维护保养？

答：（1）用高于工作压力的压力对喷雾系统进行检查，对发生渗漏的输液软管及各零部件要及时更换。

（2）卸下离心雾化喷头或扇形雾喷头，检查雾化转盘及喷头芯磨损情况，损坏严重的需更换。

（3）对喷雾系统的所有电子部件应进行检查，重新校正，保证工作安全可靠。

（4）喷雾设备存放前，对药箱、管路、喷头及整个喷雾系统应彻底清洗干净并晾干，并存放在干燥通风的仓库内，避免露天存放或与农药、酸、碱等腐蚀性物质放在一起。

37. 农用无人机的遥控器应怎样安全放置？

答：遥控器放置时，必须要平放而不要竖放。因为竖放时可能会被碰倒，产生误操作而造成伤害。

38．农用无人机作业后应做好哪些记录？

答：（1）田间施药记录。

每次施药作业结束后，应及时建立作业记录表（参见下表），并由记录人、负责人签字。

防治作物品种、种植密度、生长阶段		使用助剂名称	
靶标有害生物名称及病虫危害程度		施药总公顷数	
使用农药品种、剂量		单位面积油耗	
飞机类型、制造商		班次作业时间	
施药时详细气象资料		个人防护设备	
飞行速度、飞行高度、作业幅宽、喷雾量		机组作业人员名单	
农药使用总量		个人防护设备操作人员监测情况	

（2）机具维修保养记录。

在整个防治季节，农用无人机及喷雾设备维修、校准、技术参数改变等应记录列表或登记。各备用零部件等应有记录。

（3）作业人员健康记录。

建立每一位操作人员的姓名、健康状况及施药前的健康史的独立档案，并定期对操作人员进行健康检查。

第四章

农用无人机装备常见故障与排除方法

一、农用无人机开机常见故障及排除方法

1. 遥控器失灵故障

答：（1）检查遥控器电池是否正确安装。

（2）检查遥控器电池电量是否充足。

（3）遥控器遥控指令的发射频率与机载接收机的频率是否同频（对频）。

2. 无人机出现 GPS／北斗长时间无法定位的情况

答：（1）GPS/北斗天线被屏蔽。

（2）GPS/北斗被附近的电磁场干扰。

（3）GPS/北斗长时间不通电。

3. 无人机控制电源打开后，地面站收不到来自无人机的数据

答：(1) 检查连线接头是否松动或者没有连接。

（2）是否点击地面站的链接按钮、串口是否设置正确、串口波特率是否设置正确。

（3）地面站与飞机的数传频道是否设置一致。

二、农用无人机飞行时常见故障及排除方法

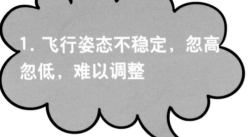

1. 飞行姿态不稳定，忽高忽低，难以调整

答：通常是由于动力输出不稳定导致。油动无人机检查发动机火花塞、化油器或检查油路是否正常，电动无人机检查电源与电机是否存在故障。

2.操控无人机作业时，发现机身总是向同一个方向倾斜或转动

答：首先检查遥控器操作杆初始位置是否归零。如遥控器正常，则检查舵机或电调是否存在故障。

3. 无人机直升机作业时，突然自转，且无法控制

答：通常由尾桨失效引起。此外由于垂直下降速度过快导致机身陷入气流涡环，也会导致机身不受控制的自转。

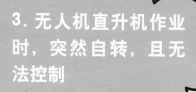

4. 无人机切入自动驾驶模式时，机身突然失控

答：通常由于定位系统或传感器故障导致，应立即切回手动，返航降落。

三、油动无人机发动机常见故障及排除方法

1. 飞机发动机不易启动

答:(1)倒一小盖汽油到气缸内,拆掉化油器。启动几次后如能正常启动,说明化油器有问题,清洗或换新化油器。

(2)检查火花塞的电极和绝缘部位,看是否有玷污、烧痕和积碳。

(3)检查火花塞电极之间的缝隙(电极之间的缝隙:0.5 ~ 0.7毫米),如果超出规定的范围,要更换火花塞。

2. 发动机马力下降或者油耗突然增大

答：检查曲轴箱内油泥是否过多，少量的油泥可在油中悬浮，当量大时会从油中析出，堵塞滤清器和油孔，造成发动机润滑困难，从而加剧发动机的磨损，导致发动机马力下降或者油耗增大。

3. 发动机不能加速

答：（1）检查空气滤清器、汽化器、是否阻塞。

（2）检查火花塞和点火线路故障。

（3）风门舵机调整不正确或有故障。

（4）发动机油门曲线或总距曲线调整不正。

4. 发动机怠速过低或过高

答：（1）发动机怠速过低时，拧紧发动机怠速螺钉来提高发动机转速，使之达到标准的怠速转速。

（2）发动机怠速过高时，拧松发动机怠速螺钉来提高发动机转速，使之达到标准的怠速转速。

四、多旋翼无人机电机常见故障与排除方法

1. 电机旋转时有异响或嗡鸣

答：通常由于电机轴承或励磁故障导致，应更换电机。

2. 电机转速不稳定，忽快忽慢，或无法连续旋转

答：电调故障或电机故障都会导致转速不稳定，应更换故障部件。

101

3. 电机旋转方向与预设方向相反

答：通常由于接线错误导致。

五、喷雾系统常见故障与排除方法

> 1. 吸不上药液或吸力不足，表现为无流量或流量不足

答：（1）新泵或有一段时间不用的泵，因泵内有空气在里面循环而吸不上药液。

（2）吸水滤网露出液面或滤网堵塞。

（3）吸水管与吸水口连接处漏气（未放密封圈或未拧紧）或吸水管破裂。

（4）进水阀或出水阀零件磨损和损坏或被杂物卡住。

2. 喷嘴雾化不良

答：（1）喷嘴内有杂质堵塞或喷
孔磨损，喷孔增大。

（2）泵的转速过低，压力不足。

（3）进、出水阀门与阀座间
有杂物，压力提不高。

（4）活塞泵的活塞碗、隔膜
泵的隔膜损坏。

（5）吸水滤网露出液面，吸
水管接头处未拧紧或吸
水管路破裂，空气进入
管路。